向未来进发
人工智能科普故事

探访

超级芯片工厂

winningman ◎著　简　晰◎绘

U0217397

U0258239

这里有一扇奇怪的机械门。它厚实又严密，上面
镶嵌的齿轮还在转动，仿佛是活的一样。门上只留有
一扇小小的玻璃窗口。

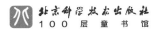

北京科学技术出版社
100 层 童 书 馆

奇奇站在门口，立马被门口的红外探测仪探测到了。

大门上的红灯亮了起来

从窗口探出一个圆乎乎的机器人脑袋——它是未来博士的机器人。

谁在门口？

同时，门内传来未来博士的声音。

原来，这里是**未来博士的实验室**。

报告主人，根据人脸自动识别程序的运算结果，门外的人是奇奇。

小机器人对着门外的奇奇开启了人脸自动识别模式，向未来博士汇报。

"未来博士，是我呀，我来啦！"奇奇隔着窗口挥舞着手臂，跟未来博士打招呼。

实验室内好热闹！

一个飞行机器人挥舞着机械臂，对着一台仪器反复发出"系统故障，系统故障……"的机械提示音。

一个看起来呆头呆脑的机器人正在熟练使用电脑，敲击着键盘，不断发出噼里啪啦的声响。

而未来博士的新发明——音乐机器人正在笨拙地学习演奏钢琴……

"前方有障碍，规避！"

一个机器人拿着很多实验工具，一路灵活地躲避各种障碍，走到了未来博士面前。

奇奇很喜欢这里，因为未来博士的实验室里总有各种各样的新奇玩意儿，比如能让人如身临其境般的全息投影，以及这些各司其职的小机器人。

未来博士穿着实验服，戴着大大的眼镜，好像正在忙着什么神秘的工作。他看啊看，手中捣鼓个不停……

抬头看到奇奇来了，博士取下眼镜卡在额头上，笑呵呵地和他打招呼。

嗨，奇奇，欢迎你来我的实验室！

"未来博士，你在做什么呀？"

奇奇走到未来博士的实验台边，看到桌上密密麻麻地摆放着很多小零件。

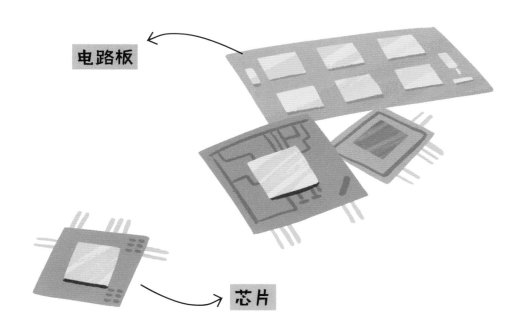

电路板

芯片

"这是电路板和芯片，它们组成这些机器人的**'大脑'**。"未来博士指着桌上一块方方正正的小薄片，向奇奇介绍道："我正在给这些芯片升级，这样机器人就能拥有更高级的'大脑'，变得更'聪明'了。"

原来，机器人的身体里都有电路板，电路板上的一个个方块就是芯片。不同的芯片具有不同的功能。

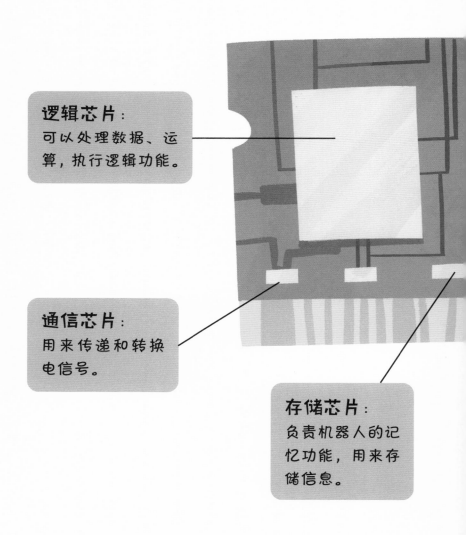

逻辑芯片：
可以处理数据、运算，执行逻辑功能。

通信芯片：
用来传递和转换电信号。

存储芯片：
负责机器人的记忆功能，用来存储信息。

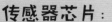

传感器芯片:
可以获取并传递外界的温度、声音和图像等信息。

功率芯片:
负责供能，整合各种电信号。

9

"原来机器人的大脑就是由不同功能的芯片搭建而成的啊。要是我的大脑里也有这些芯片，我会不会也变得更聪明呢？"

"未来博士要怎么升级这些芯片呢？"

奇奇十分好奇。

未来博士向奇奇展示他正在制作的芯片，他看起来很是满意。

我正在做一个让机器人能听懂我的话的芯片，这个芯片的工艺规格可只有 **14 纳米**大小哟。

奇奇看着这个指甲盖大小的芯片，发出疑问。

但是……纳米不是很小的单位吗？这看起来简直有 14 纳米的几十万倍大吧！

哈哈，**芯片工艺规格**为 14 纳米，可不是说芯片的外观大小是 14 纳米，而是指芯片里单个晶体管的关键局部结构的尺寸。这个数字越小，就代表芯片越精密。

晶体管是什么？芯片里有很多晶体管吗？

未来博士小课堂

1. 纳米:
长度单位。通常来说,一张普通A4纸的厚度为 100 000 纳米。

2. 芯片工艺规格:
指芯片中晶体管的大小。晶体管越小,同样大小的晶圆上容纳的晶体管就越多,处理的电信号也就越多,但同时也需要更加精密的制造工艺。

3. 晶体管：

晶体管是一种重要的电子元器件，被用于**控制或调节电流**，它的出现被视为 20 世纪科学史上最重要的发明之一。

晶体管就好像计算机"大脑"里微小的"脑细胞"。它由半导体制成，包括二极管、三极管、场效应管、晶闸管等。

晶体管像**电流的开关**，但又与普通机械开关不同，并不需要手动控制，而是利用电信号来控制，开关速度非常快。这样才能满足计算机的运行速度要求。

　　"不过，芯片中的晶体管可不是一个一个安装上去的，一会儿你就可以见识到晶体管的制作、安装和运行啦！"未来博士卖了个关子。

"可别小看这枚小小的芯片。

它内部的结构可是像城市一样**复杂**。

无数的

电子元件 线路 电子元件

电子元件 线路 **电子元件**

电子元件 **和线路，** 电子元件

线路 线路

如同 **道 路** 和 **高楼大厦**一样
分布在上面。"

14

"所以设计芯片也像设计城市一样，要先绘制出设计图才可以。"博士继续说到。

听到博士的话，奇奇吃惊地睁大了眼睛：

"什么？**在这么小的芯片上建造城市?!** 那也太不容易了！"

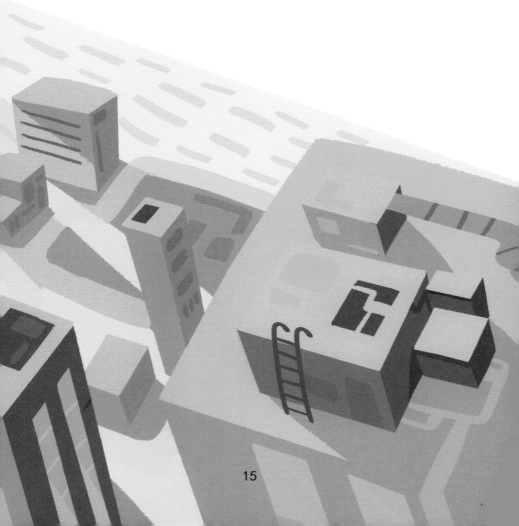

现在我来考考你：芯片的制作还需要一种必不可少的**原材料**，你知道是什么吗？

未来博士就芯片的原材料对奇奇提问。奇奇环顾四周，发现实验室的角落里，有一大堆沙子显得格格不入，好像是最近才出现的。

这些……是沙子？

"没错！沙子的主要成分是二氧化硅。我们从沙子中提取硅元素，

制成圆柱形的单晶硅棒，

然后将单晶硅棒切成一片一片的小圆片，这就是**晶圆**。"

17

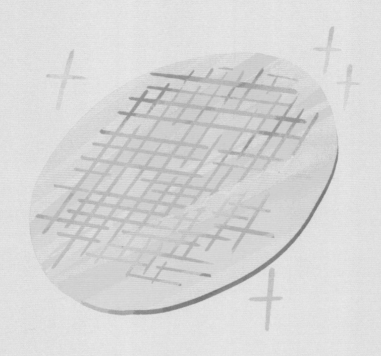

　　"你可以把晶圆理解成**芯片的画布**，我们就是在这张画布上设计出芯片的样子，然后开始制作。一片晶圆能分割为成百上千枚芯片呢！"

　　博士把最新得到的硅晶圆向奇奇展示了一番。

"哇！这片硅晶圆表面简直光滑得像镜子一样，都能照出人影了！"

"那是当然，晶圆的表面要极度光滑，才可以满足芯片的制造要求。"

未来博士神秘地笑了笑："想知道芯片是怎么造出来的吗？"

"当然想！"奇奇连忙回答。

欢迎来到超级芯片工厂

　　博士推开了奇奇身后的一扇门。奇奇感到眼前一阵眩晕，还没有反应过来，一座井然有序的工厂就突然出现在了奇奇的面前。

　　这是怎么回事？未来博士的实验室不就是一个小房间吗？怎么会有这么大的一座工厂，简直望不到尽头。

　　"这……这是？"

　　"欢迎来到我的超级芯片工厂！"博士兴奋地
介绍。

　　这座工厂在奇奇的视野里只展现了冰山一角，
但已经让奇奇忍不住发出声声惊叹——干净的地
面，像网格一样密密麻麻的机器，还有一个个像盒子
一样的东西从头顶的轨道上掠过。

这时，几个人穿着航天服一样的衣服，从奇奇眼前走过。奇奇这才发现——

咦，我们怎么好像变小了?!

"哇，这就是我们刚刚看到的晶圆吗？"

刚刚还被博士拿在手里的硅晶圆，这时看起来像桌子一样大。

"没错，芯片里的结构实在是太复杂、太精密了。为了能看清这些细节，我已经用缩小变化器让我们都缩小到原来大小的1/100！"

缩小进程：缩小到 1/100

22

　　这是一片表面已经包好了氧化膜的晶圆，比一般的晶圆稍微厚一些。它的表面实在太光滑了，未来博士和奇奇费了九牛二虎之力才爬到了上面。

哇——啊——啊——!!

还没等奇奇站稳，晶圆就动了起来。

来不及反应，为了避免被甩下去，博士和奇奇只能顺势趴在晶圆上，眼看着前面的一片片晶圆正被送入一个棕色的盒子中。

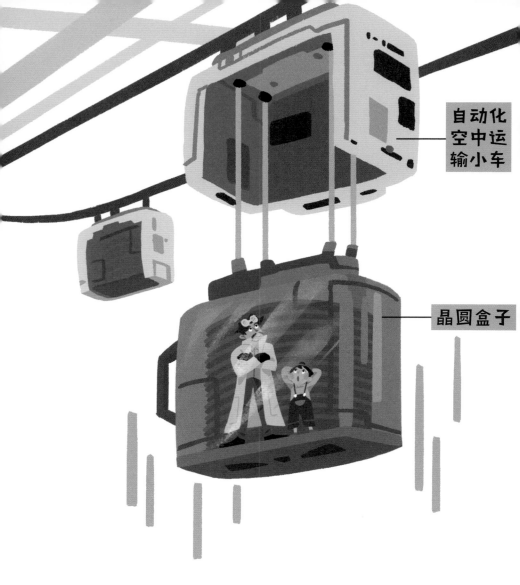

自动化
空中运
输小车

晶圆盒子

　　紧接着，奇奇和未来博士也跟着晶圆一起被关

进了盒子，吊到了 半

　　　　　　　　　空 中。

怎么回事，博士？
我们被关起来了！

别担心。芯片的制作需要在密闭干净的环境里进行，晶圆在运输时自然也要放在密闭的容器里。

　　"所以，我们就和晶圆一起被关进来了？"

　　"没错，这个盒子方便人们取运晶圆，且给晶圆提供了密闭干净的环境。通常，每个盒子里有25片晶圆。"

　　"那有必要把我们升到半空吗？"

　　"别怕，这是自动化空中运输小车在轨道上运行呢。小车就像缆车一样，晶圆盒子就是它的乘客。"

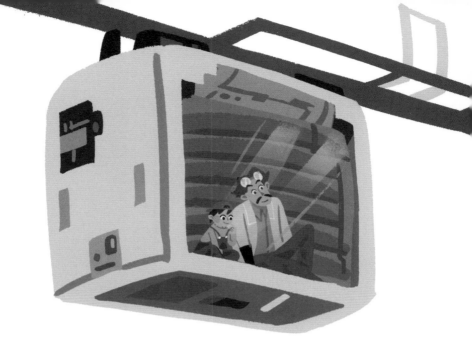

　　未来博士俯下身来，拍拍奇奇的肩头，示意他看看下面。奇奇慢慢恢复平静，看向博士指的方向——工厂里面有好多**穿得像航天员**一样的人。

未来博士继续解释道："那是**洁净服**。穿上洁净服也是为了保持环境干净，以免我们的皮屑影响芯片的制造。在这里，甚至连空气都经过了特殊的过滤处理哟。"

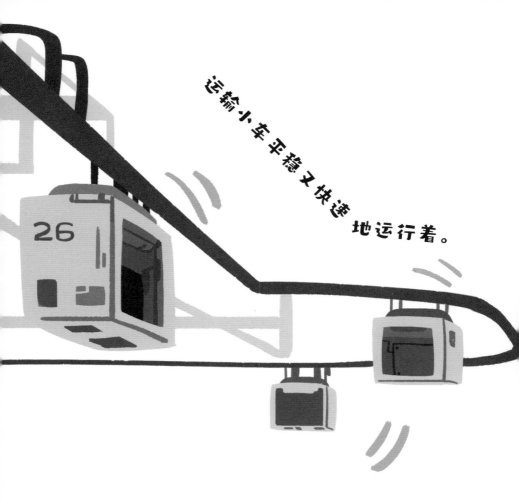

运输小车平稳又快速地运行着。

　　一路上，未来博士向奇奇介绍着他们路过的各种仪器。

　　几分钟后，奇奇和未来博士听到"咔哒"一声，他们所在的晶圆盒子被放在了一个白色的机台上。

盒子打开，他们跟随着一片晶圆被转移了出来。

嘀

嗒！　　　　嘀

嗒！

接着，好多黏稠的液体开始滴落在晶圆上。

"快走！不要被粘住！"没等奇奇反应过来，

未来博士就抱着奇奇快速跳下了晶圆。

他们刚刚站稳，身后的晶圆就飞速旋转起来。

"好险啊！这是什么？"奇奇长呼了一口气。

晶圆慢慢停了下来。现在，整片晶圆上都均匀地铺满了这种黏糊糊的液体。

"是**光刻胶**，这是一种见光就能分解的特殊胶水……"

　　未来博士的话还没有说完，突然，机器发射出一束亮光，这束亮光在各种镜子中间反复折射、反射、聚焦、发散，整个空间瞬间布满了蜘蛛网一样的绚丽光线，照得人睁不开眼睛。

　　未来博士伸手替奇奇挡住了光线，避免强烈的光线伤害到眼睛。

过了一会儿，光消失了，一场"雨"冲刷了整片晶圆，晶圆上出现了很多复杂的图案。

哇，好漂亮的图案！

35

"我们现在正在光刻机里，"未来博士解释道，"光刻机最大的作用就是**用光来定义芯片里各种各样的图案**。那些镜子是光刻机上最复杂的光源系统，而刚才的'雨'则是显影液。"

光刻机

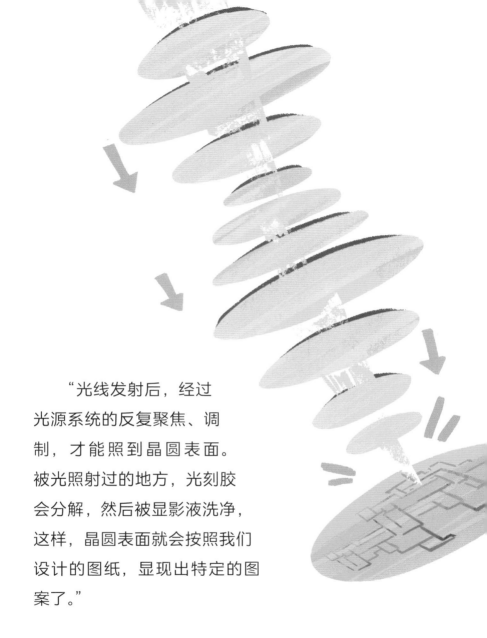

　　"光线发射后，经过光源系统的反复聚焦、调制，才能照到晶圆表面。被光照射过的地方，光刻胶会分解，然后被显影液洗净，这样，晶圆表面就会按照我们设计的图纸，显现出特定的图案了。"

就像是刻制印章的时候需要先在石头上画好图形，标注出哪里需要下刀雕刻一样吗？

没错！就是这个道理！芯片可以看作多层平面图案的立体堆叠，芯片中所有的图案结构都是由光刻工艺决定的。

现在我们画好图形了。你知道下一步要干什么吗？

雕刻！

奇奇和未来博士小心地爬到圆盘上没有光刻胶的地方，跟着晶圆盒子转移到了下一站——

刻蚀机

　　一到站，就有一股强大的气流扑面而来，吹得奇奇差点儿站不住。

　　未来博士立刻伸手扶住了快摔倒的奇奇："我们稍微离远一点儿吧。"

"现在是在**干法刻蚀**，这些等离子气流具有很强的能量。"未来博士带着奇奇站到一旁，然后解释到。

"等离子体虽然对晶圆表面有雕刻作用，但是无法撼动光刻胶的地位，因此只有晶圆上那些没有被光刻胶覆盖的地方被等离子体刻出来了一些浅浅的凹槽。"

有光刻胶覆盖的地方

没有光刻胶覆盖的地方

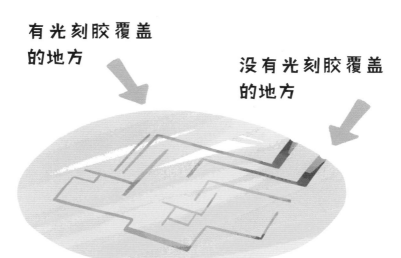

等离子体是不同于固体、液体和气体的物质第四态。

物质由分子构成，分子由原子构成，原子由带正电的原子核和围绕它的、带负电的电子构成。

电子

原子

原子核

分子

物质

当原子被加热到足够高的温度，或受其他因素影响，外层电子会摆脱原子核的束缚成为自由电子，就像下课后的学生跑到操场上随意玩耍一样。当原子得到或失去一部分电子，带上电荷时，就被称为**离子**。电子离开原子核就是一种**电离**过程。

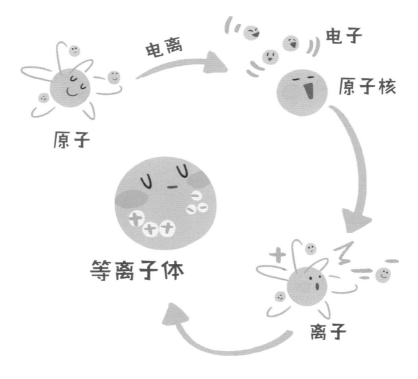

这时，物质就变成了由带正电的原子核和带负电的电子组成的、一团均匀的"浆糊"，人们戏称它为"离子浆"。这些离子浆中正负电荷总量相等，因此近似电中性，所以离子浆就叫作**等离子体**。

前方有离子雨,
请注意安全!

　　"前方有离子雨,请注意安全!"不远处有一块红色的告示牌,预示着前方区域的不平凡。

　　哗啦啦……前方好像下起了小雨。

　　未来博士不知道从哪里拿出了一把伞撑在头顶,两人才没有被淋到。

　　"看来,我们到离子注入区了。"未来博士说到。

　　离子连绵不绝地到达晶圆表面,很快就渗透入晶圆内部,不见了踪影。

"为什么要注入离子呢？" 奇奇很疑惑。

"还记得芯片是用来处理什么信号的吗？"

"是电信号……"奇奇想了想，感觉好像哪里不对劲。"咦？可是晶圆是由硅做成的，硅是不导电的吧？"

"严格来说，硅是一种半导体。当晶圆表面的特定区域被注入离子之后，那里的物质结构间就出现了自由电子。这时，这个区域就可以导电了。"

半导体是一种介于绝缘体和电导体之间的物质，比如硅。

当原子的外层电子可以在物质内移动的时候，该物质就具有了导电性。

嗨，我是硅。

硅原子有 14 个电子，在原子核外分三层排布，其中最外层有 4 个电子。当硅原子结合时，会共用最外层的电子，形成一个有 8 个电子的共用电子层。此时硅原子的排列结构十分稳定，电子没办法自由移动，形成的物质就是绝缘体。

但是当硅原子中间掺杂了其他离子，比如具有 5 个最外层电子的磷，原子结合后最外层的电子数就会超过 8 个，物质的结构中就出现了自由电子，物质就具有了导电性。

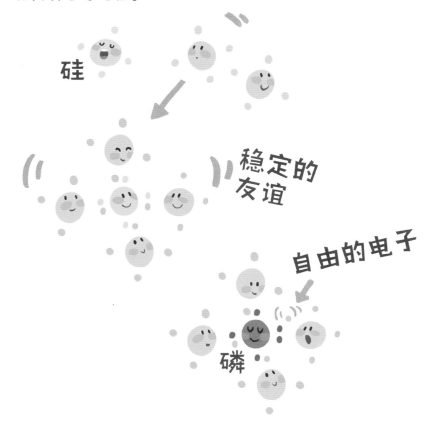

硅

稳定的
友谊

自由的电子

磷

～ 臭！

　　远远地，奇奇闻到了一股很刺鼻的味道，让他觉得很不舒服："博士，这'尼'好臭呐！"奇奇用手扇了扇空气，发现味道并没有散开，索性捏住了鼻子，发出嗡嗡的鼻音。

未来博士拿出一个口罩递给奇奇："这是丙酮的味道。经过蚀刻和离子注入的工序后，现在还有一些光刻胶留在晶圆表面。**丙酮的作用就是清理掉这些剩余的光刻胶。** 丙酮对人体有害，我们就不要进去看了。"

奇奇和未来博士迅速离开了这里，前往下一个区域。

哇！

四周的东西竟然又**放大了**！

原来，奇奇和博士的身体又进一步缩小到之前大小的1/100！

缩小进程：缩小到1/10 000

晶圆上那些原本看起来浅浅的凹槽一下子变成了深深的沟壑，有的地方是像滑梯一样的斜坡，有的地方深不见底，像神秘的裂谷。

博士，你之前不是说制造芯片就像设计城市一样吗？可是我们现在只在晶圆表面挖呀挖，哪里是盖高楼呀？简直成了考古现场嘛。

奇奇看着现在到处是沟沟壑壑的晶圆，觉得它们和城市一点儿也不像。

哈哈哈，别着急，从现在开始就要建高楼啦。

　　未来博士指着前方的一片区域说到。那里的晶圆表面上有着纵横交错的"道路"，结构也看起来也更加复杂。

"那是什么呀？"

"是**沉积薄膜区**。"

未来博士说："在这里，导电的金属层和不导电的介质层会被一层一层地覆盖在晶圆表面。这样，芯片不仅在平面上具有电通路，在整个立体空间里也具有通路，如此就能处理更多的电信号啦。而且每一层薄膜都很薄，大概 10 层薄膜才和你看到的最薄的保鲜膜一样厚。"

"哇！这么多层，应该很难盖吧！"奇奇感到很惊讶。没想到，那看起来薄薄的芯片，内部竟然像千层蛋糕一样。

"确实很麻烦呢，因为每一层的图案都不一样，所以每盖一层都要重新经历一遍我们到达光刻机后经历的全过程。"

"然后呢？"奇奇迫不及待地问道，"芯片就做好了吗？"

"当然不是。"未来博士拉着奇奇又去了下一站。

这是湿法清洗，可以去除晶圆表面的微型污染粒子。在这里让芯片们洗个澡！

清洗

抛光

为什么要把芯片泡到水里呀？

接着，奇奇和未来博士在湿法清洗设备里当了清洁工，又去抛光设备滑了冰，还去热处理设备里做了顿烧烤——湿法清洗可以保证晶圆表面的干净；抛光可以让晶圆表面变得平整光滑；热处理可以去除杂质，修复晶圆的缺陷……

57

就在快要走到终点的时候，奇奇一声惊呼——博士又让他们继续缩小了1/100！这下，芯片看起来结构更清晰了，真的如同一座巨大的城市一般。电路结构一层一层地排列在晶圆表面，像城市中鳞次栉比的高楼大厦，又像纵横交错的通道管路。

缩小进程：缩小到 1/1 000 000

芯片城市建成啦！

"快看前方，看到那个由三根金属柱组成的特殊结构了吗？"博士指着芯片城市里的一个地方问。

"它很特殊吗？我看芯片城市里到处都是这样的结构呢。"

"哈哈哈，这么说也没错，因为那是芯片的核心结构——**场效应晶体管**。"

看起来一点儿也不特别嘛，奇奇心想。

"晶体管是由电性相反的 N 型和 P 型两种半导体组成，两种半导体按照 N-P-N 和 P-N-P 的夹层结构排列。左右两根分别称作**源极**和**漏极**，负责载流子*的输入和输出；中间那个是**栅极**，承载着信息，控制晶体管的打开和关闭。多个晶体管以特定的组合连接之后就组成了逻辑门。"博士继续解释到。

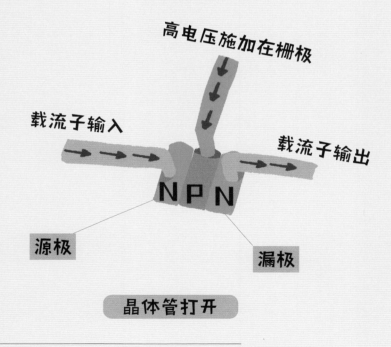

* 载流子是指可以自由移动的带有电荷的微粒。

高电压施加在栅极

载流子输入

漏极　PNP　源极

晶体管关闭

低电压或零电压
施加在栅极

载流子输入

源极　NPN　漏极

晶体管关闭

低电压或零电压
施加在栅极

载流子输出　　载流子输入

漏极　PNP　源极

晶体管打开

"高电压代表二进制中的1，低电压则是二进制中的0。这样逻辑门的运作就传递了数字信息。虽然一个小小的晶体管看起来很不起眼，但是只要很多这样的晶体管联合起来，通过开关表达出不同的指令，就能完成复杂的运算，这就是芯片运行的最底层逻辑。比如非门，它的输入端与输出端的电压高低相反。"博士接着说。

非门是最简单的一种逻辑门。非门能将高电压转换成低电压，将低电压转换成高电压。图示即是把高电压转换成低电压的情况，也就是把二进制的1转换成二进制的0。

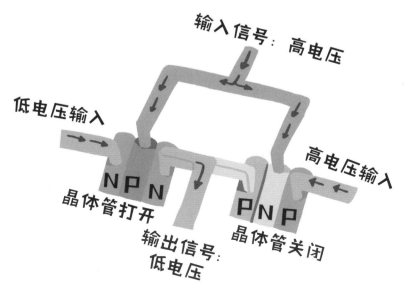

"除了非门以外，常见的逻辑门还有或门、与门，以及它们互相组成的与非门和或非门。或门和与门都有多个输入端和一个输出端，在或门中，只要有一个输入端输入了1，输出就为1；与门里需要所有输入都为1，输出才为1。"

　　"也就是说，芯片就像一座大大的迷宫，晶体管就像安装在迷宫通道上的门，通过打开关闭不同的门，我们就可以绘制出正确的路线。"

　　"你很聪明！"未来博士看着奇奇，赞扬地点了点头。

在偌大的"迷宫"里走了几圈，奇奇已经有些累了："未来博士，我们要怎么出去呀？"

"还不能出去哟。"

"为什么？高楼不是都已经完工了吗？"

"高楼完工后，不也要经历验收的过程，才能安全入住吗？"

最后一站！

好累……

未来博士带着奇奇来到了工厂的最后一站——**测试房**。制造好的芯片需要在这里经历各种电性测试。考试合格，才可以正式"毕业"。

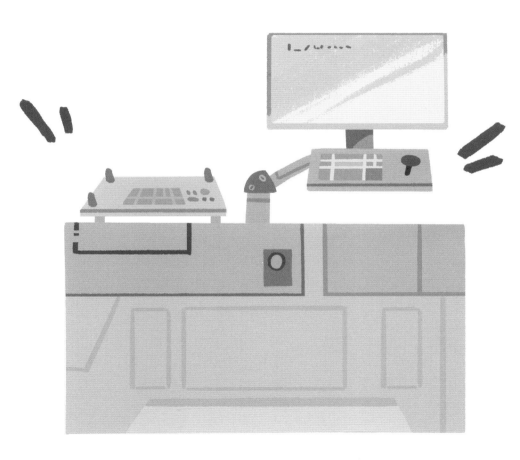

未来博士向奇奇解释芯片的**考试规则**：

"测试结果图的不同颜色代表不同的测试结果，比如**绿色**代表通过测试，**红色**代表某个回路电压过小，**蓝色**代表某个回路电流过大。所有电学信号达标，即测试结果图全部为绿色，则判定芯片为合格；如果有任何一种电学信号不达标，则判定芯片为不合格。"

合格

电压过小
不合格

电流过大
不合格

"这也太严格了！"奇奇大叫。

测试房的电脑上接连闪烁着绿色、蓝色和红色的信号灯。就像交通信号灯一样，只有亮起了绿色的信号灯，芯片才可以顺利通过测试。

"不严格的话，使用不合格芯片的机器可是会有大麻烦呢！"

检测合格后，芯片被从晶圆上**切割**下来。

进行**封装**。

然后，把芯片**连接**到电路板上。

最后，将电路板**安装**到组件板上。到了这一步，芯片才能真正发挥作用。

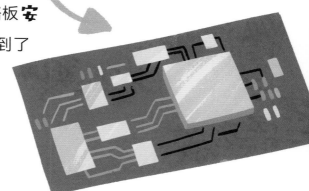

　　"一个机器人需要好多组件板，一个组件板上有好多电路板，一个电路板上有好多芯片，一枚芯片上有好多晶体管……啊，算不过来了，真是太复杂了！"奇奇一边算，一边抱怨道："难怪机器人那么聪明！"

　　"你的大脑结构也很复杂，机器人再聪明，也要向你学习呢！"未来博士说到。人类和计算机的思考方式并不相同，但并不意味着机器的大脑就一定比人类的更强。

唔——呼！

组件板被装进机器人脑袋的卡槽上。就在这一瞬间，未来博士和奇奇被"嗖"地弹射了出来，恢复了正常的大小。

天已经很黑了，奇奇也该和博士道别了。临走之前，博士决定将新制造的小机器人作为礼物送给奇奇。

"它一定超厉害！"

奇奇对这个圆头圆脑的小机器人充满了期待。

致各位小读者以及我的女儿嘉仪：

你们生活在一个科技大爆炸的时代，而芯片就是各种尖端科技的集合体。希望你们能通过这本书了解芯片的基本工作原理和制造流程，更希望你们对半导体行业产生浓厚的兴趣，能在未来投身其中，为祖国的科技自立贡献自己的力量。

winningman

致各位小读者：

你们已经站在未来的大门前，这本书就是你们探索未知的钥匙。打开未来之门，用你们的想象力和创造力，为这个世界增添无限可能吧！

简　晰

图书在版编目（CIP）数据

探访超级芯片工厂 / winningman著 ；简晰绘.
北京：北京科学技术出版社，2024（2024重印）.
ISBN 978-7-5714-4154-8

Ⅰ．TN43-49

中国国家版本馆 CIP 数据核字第 20243C1K17 号

策划编辑：刘婧文　张文军
责任编辑：刘婧文
图文制作：天露霖文化
责任印制：李　茗
出 版 人：曾庆宇
出版发行：北京科学技术出版社
社　　址：北京西直门南大街 16 号
邮政编码：100035
电　　话：0086-10-66135495（总编室）
　　　　　0086-10-66113227（发行部）
网　　址：www.bkydw.cn
印　　刷：雅迪云印（天津）科技有限公司
开　　本：889 mm×1194 mm　1/32
字　　数：30 千字
印　　张：2.375
版　　次：2024 年 11 月第 1 版
印　　次：2024 年 12 月第 2 次印刷
ISBN 978-7-5714-4154-8

定　　价：36.00 元